成

cheng jun

均

穿越文字

拥抱灵魂

请你把我吃下去

肖肖 著

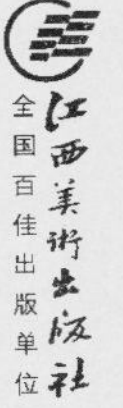

目录

大寒后，立春接至，天渐暖。
至此，地球绕太阳公转一周完毕。

立春

斗指东北，春始，万物复苏。

立 春

（杜甫）

春日春盘细生菜，忽忆两京梅发时。

盘出高门行白玉，菜传纤手送青丝。

每年的二月三日或二月四日，春木之气始至。中国的北方大部分地区还处于寒风料峭的初春，而南方气温已经慢慢开始回升，风和日暖，绿树已经跃跃欲试地抽出了新枝芽。

在这乍暖还寒时候，来一锅土豆炖牛肉想必很是不错。噢，错了，应该是在这乍暖还寒的时候正是我们一起播种小土豆的好时机！

于是，我们来了解一下，土豆这种全球第四重要的经济作物的栽种方法吧。

土豆，又名马铃薯，属茄科多年生草本植物，嗯，拥有多种多样的食用方法。例如说：土豆饼、土豆泥、酸辣土豆丝、土豆炖鸡、炸裂小土豆等。

回归正题，首先我们要挑选适合当种子的土豆。

什么样的土豆适合当种子呢？

大概是这样子的。

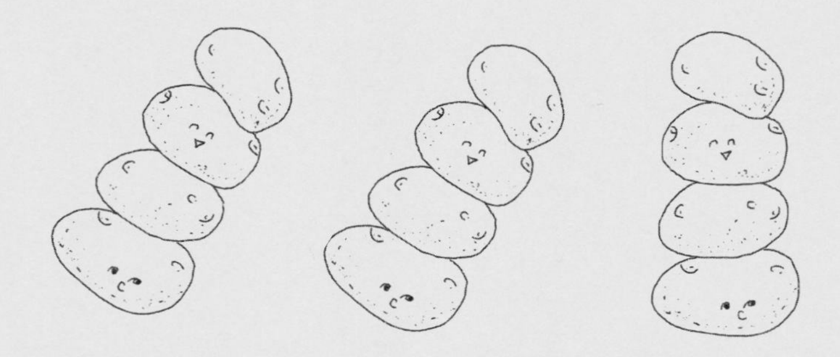

不大不小没有明显的磕碰疤痕，如果发现超市或者菜市场只有大土豆的朋友也不用担心，把它切开就行。对！我们土豆就是这么好说话的！

买回来以后呢，把它们放在有阳光比较温暖的地方，这样方便它们发芽。把大土豆切成四五厘米见方的小块儿，最好每个块上都有小芽儿。

然后找到一个花盆，把土豆埋进去！

OK，等着吃土豆大盘鸡吧！

好的，我回来了，严肃地说一下：花盆里面要有泥土哦，没过土豆一两厘米就行了。最后记得定期浇水，但是也不能太多，如果土壤太湿，土豆是容易烂在里面的。

是不是超级简单，简单到你都有些蒙？没错！土豆就是这么容易种的东西！谁叫我们性格好呢？不要问我什么时候土豆就可以吃了，埋下去差不多十天左右就会发芽的，然后它长啊长啊长啊，等叶子都枯萎了，你就可以挖土豆喽！

雨水

斗指壬，雨落，润物无声。

春夜喜雨

（杜甫）

好雨知时节，当春乃发生。

随风潜入夜，润物细无声。

二月十八日或十九日，东风解冻，散而为雨。北方从寒冬里面慢慢解放出来，而温暖的南方已经百花盛放。

春雨贵如油，一场雨下来，被滋润的土地焕发了勃勃生机。辣椒这种家庭日常食用较多的蔬菜，在这个时间段就被我们抓进来种了。

辣椒，茄科一年生或有限多年生植物，品种丰富，具体可分为：辣的和不是那么辣的……

种子的话，大家也不需要去种子商店购买，在超市或者菜市场挑选一些你看起来比较喜欢的红辣椒，记住一定要是红辣椒哦！

红辣椒拿回家以后，拿刀划开，然后取出辣椒籽，找到一个合适的容器，把辣椒籽放在里面晒太阳。

晒晒晒，晒足一个星期，确认足够的干燥以后，就可以开始种辣椒啦！

自备一个花盆，没有花盆的同学可以拿家里食用油塑料油桶，锯掉一半就可以种菜啦！

记得底部要打几个洞噢，水分过多无法排出去的话，辣椒容易死掉。

先把辣椒籽均匀撒下去，注意不要撒得太密，然后再浇水，把种子冲到土的缝隙里面，或者在上面撒一层细细的土。

在等待它发芽的期间不要太过于勤劳地浇水，免得种子被我们淹死啦。等出芽以后，可以考虑用一些蔬果肥，如果没有的话自制一些草木灰撒上也是可以的。

辣椒喜欢温暖，不耐高温和严寒，记得每天让它晒晒太阳，浇点水。

然后就安安静静等着吃辣椒小炒肉吧！

惊蛰

斗指丁，雷鸣，生机勃勃。

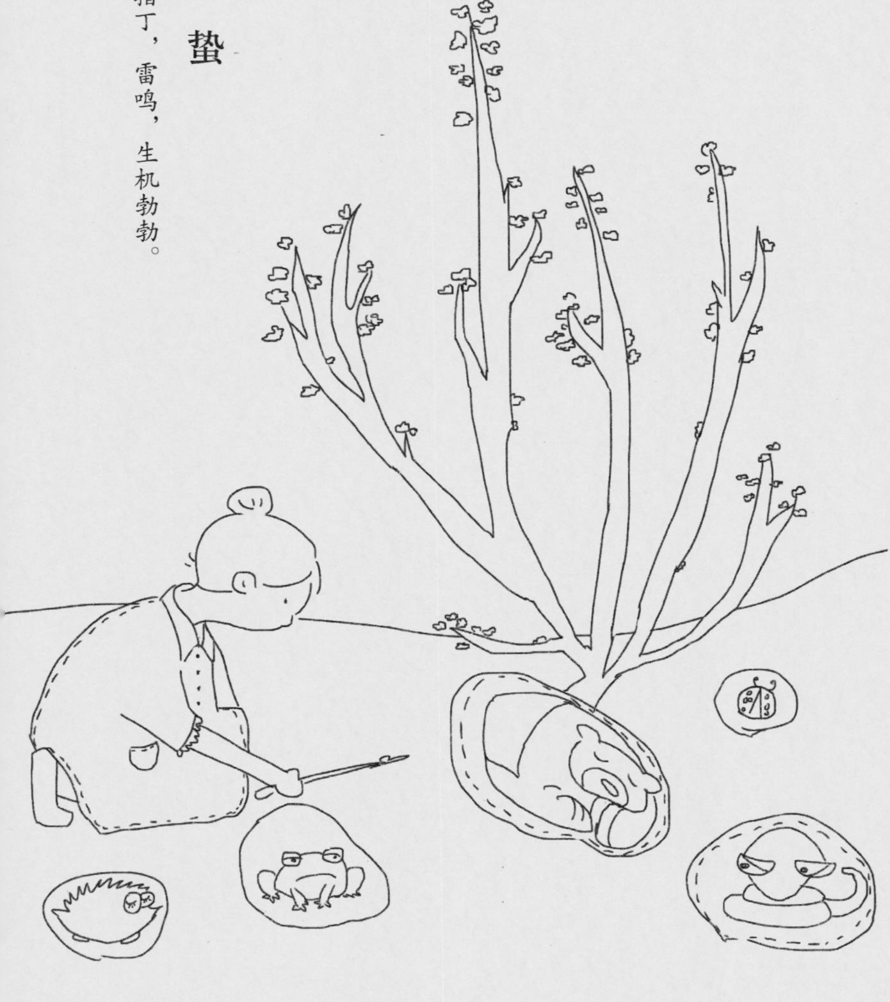

观田家

（韦应物）

微雨众卉新，一雷惊蛰始。

田家几日闲，耕种从此起。

三月五日或六日，惊蛰到了，种苦瓜被提上了日程。

苦瓜属葫芦科，一年生攀缘状柔弱草本。说实话，苦瓜这种东西的存在真是让人很为难啊，如果没有做好，真是把脸都要苦掉了。但是如果好好炒的话，你都不敢相信怎么会有这么好吃的苦瓜！

不管啦，先把它种下去吧，至于怎么吃……万能的搜索会告诉你的哟！

好了，首先是种子的问题，请去万能的某宝或者当地的种子公司取得苦瓜的种子。

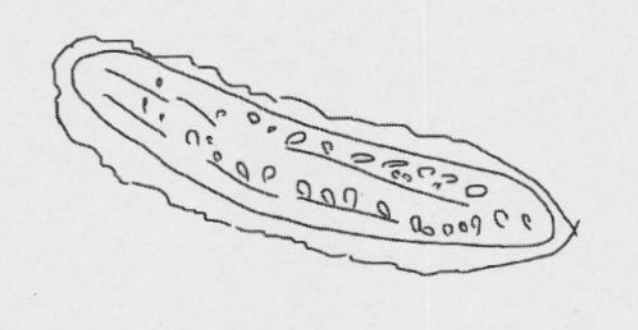

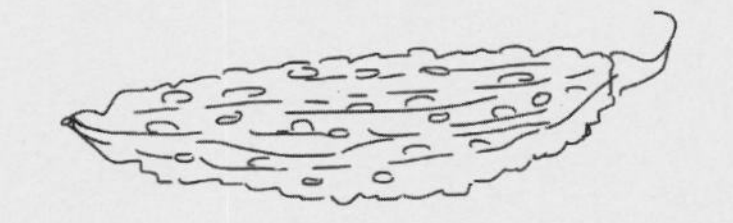

苦瓜种子发芽比较难，所以呢，我们先用温水把它泡起来，泡上二十四个小时左右，这样的话可以去除表面的胶质，让它更快地萌芽。

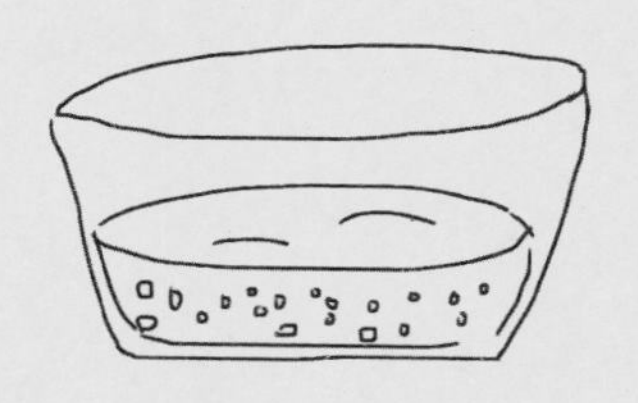

泡好以后，找到一块干净的棉布或者纱布把种子包起来，放在家里温度较高的地方，等待萌芽以后，再入土栽培。一般来说，需要三到四天才会萌芽哟！

苦瓜的生长周期比较长，在植株长到快 25 厘米的时候，就要准备给它搭个支架啦，在盆里插上两根木棍让藤蔓能够缠绕上去继续生长。

然后是开花结果！

最后，就等着吃苦瓜啦！

春分
斗指壬，初长，草长莺飞。

春分日

（徐铉）

仲春初四日，春色正中分。
绿野徘徊月，晴天断续云。

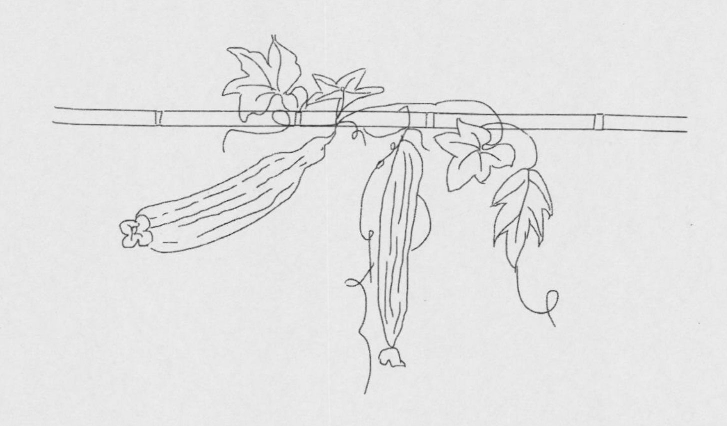

三月二十日或二十一日，春风到。这一天太阳几乎是直射地球赤道，昼夜等长。仿佛一夜之间，春光就明媚了起来，之前凛冽的寒风逐渐消失不见，莺飞草长，千树万树梨花开。

气温上升，丝瓜种子可以开始催芽了。

丝瓜葫芦科一年生攀缘藤本。南北方都普遍有栽培。丝瓜大概是对种植新手最友好的蔬菜了，特别容易活，也不需要花费太大力气。

丝瓜喜欢晒太阳，耐高温，怕冷。所以我们选择在阳台上日晒最棒的地方，把丝瓜种子种下去，覆土 2 厘米左右，然后把水浇得透透的，等待它萌芽。

等到丝瓜长出须须，就要开始考虑给它搭架了。和苦瓜一样它也是必须有依附才能很好生长的植物，用木棍或者绳子牵引藤蔓缠绕都可以的。

丝瓜开花以后，对水分的要求更高了，要记得经常浇水。

顺带说一句，根据小编的个人经历，丝瓜结果以后不要去摸，那个覆盖在小丝瓜上面细细的绒毛被摸掉以后它就不再生长了！

清明

斗指丁，春种，踏青祭祖。

清 明

（杜牧）

清明时节雨纷纷，路上行人欲断魂。

借问酒家何处有？牧童遥指杏花村。

每年的四月四到四月六日中的一天，是二十四节气中的清明。在我记忆里，清明节的那一天多半是下雨，淅淅沥沥冷冷清清的，一下子就把连日的明媚春光给冲淡了不少。南方要开始进入回南天，墙壁上都能渗出水来，抽屉里什么东西都开始发霉。好在干燥的北方没有这种烦恼，于是我们开始考虑这个时候种点什么好呢？

空心菜是番薯属光萼组植物，一年生草本，蔓生或漂浮于水面。也叫通菜或藤藤菜。

如果去市场买到带完全根须的空心菜可以拿回家直接种起来，如果买不到带根须的空心菜也可以去当地的种子公司购得空心菜种子。

撒种，覆土，然后浇水。

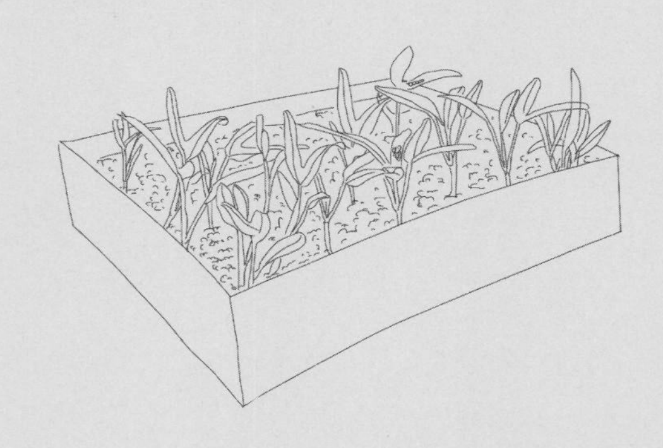

等待发芽。

空心菜也是比较容易上手的菜，对新手来说也是友好得很。

唯一要注意的就是空心菜比较容易生虫子，要注意除虫除草哟。

另外，空心菜不要种得太过密集，以免影响了它们吸取足够的养分。

谷雨

斗指癸，花香，桃红梨白。

老圃堂

（曹邺）

召平瓜地接吾庐，谷雨干时手自锄。

昨日春风欺不在，就床吹落读残书。

四月十九日到二十日之间的一天是二十四节气中的谷雨，俗话说：清明断雪，谷雨断霜，过了倒春寒以后，天气就一天一天暖和起来了。南北方的温差慢慢接近，有一丝丝初夏的气息在缓慢地靠近，于是日子开始长起来了。

西红柿，一种茄科番茄属，一年生或多年生草本植物。无数新手的第一道菜就是西红柿炒鸡蛋，这种对烹饪天残手十分友好的蔬菜，其实栽种起来也很容易呢。

取出西红柿的种子，跟之前撒种的方法一致，覆土浇水。西红柿是一种热爱阳光的植物，所以一定要保证它的光照时间。另外，想要多结果，那就对土质要求比较高，在生长期多追几次肥。

西红柿苗长到一定的高度，需要注意不能让它倒下来，倒下来会容易死掉，可以在它旁边插个树枝让西红柿依靠在上面。

最后，西红柿结果了注意采摘的时机，太硬或者太熟都不好吃噢。

立夏

斗指东南，夏始，野蛮生长。

幽居初夏

（陆 游）

湖山胜处放翁家，槐柳阴中野径斜。

水满有时观下鹭，草深无处不鸣蛙。

五月五日或六日，全国进入立夏时节，绿树浓荫夏日长，楼台倒影入池塘。在这个时间节点南北方都是百般红紫斗芳菲，各种各样的花竞相开放争奇斗艳。

于是，我们来讲讲怎么种黄瓜吧。嗯，这个话题转得很硬我知道的，但是我黄瓜种得很不错啊！

黄瓜，葫芦科一年生蔓生或攀缘草本植物。

按照惯例撒种覆土。

按照惯例定期浇水。

然后就是当黄瓜秧长到 20 厘米到 30 厘米的时候，就要考虑给它搭架子了。

搭架子非常简单，找两根比较直的树枝，呈“人”字形插在黄瓜秧的左右两边，让藤蔓能沿着树枝攀爬。

黄瓜开花以后为了让小昆虫进来授粉，在封闭式阳台栽种的朋友要注意打开窗户。

最后，花落结果后要注意追肥，果实生长期需要大量的肥土才能结出很漂亮的黄瓜噢。

小满

斗指甲，结果，亭亭玉立。

小　满

（欧阳修）

夜莺啼绿柳，皓月醒长空。

最爱垄头麦，迎风笑落红。

每年的五月二十日到二十二日中的一天，物至于此小得盈满。

盛夏的脚步越来越近，南北方空前的统一，褪去了春装，漂亮的裙摆飞扬了起来。太阳一天比一天炙热，就连蝉都开始为盛夏而热身。

于是，为了能在炙热的下午喝上一碗冰凉清甜的绿豆粥，现在我们就必须把种绿豆提上日程啦。

绿豆的种子自己留的话，比较麻烦。所以大家移步超市吧，找到你觉得最漂亮的绿豆买一小把回来。

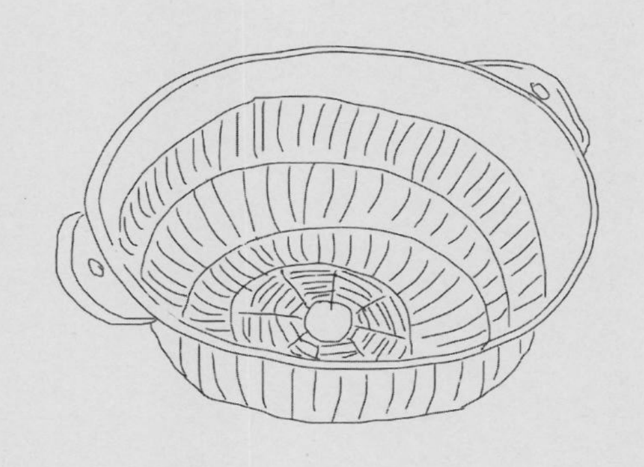

买回来以后第一件事呢，就是准备一个小碗或者小盆，把绿豆浸泡在清水里面一整晚，让绿豆吸收到足够的水分，表皮松软为止。

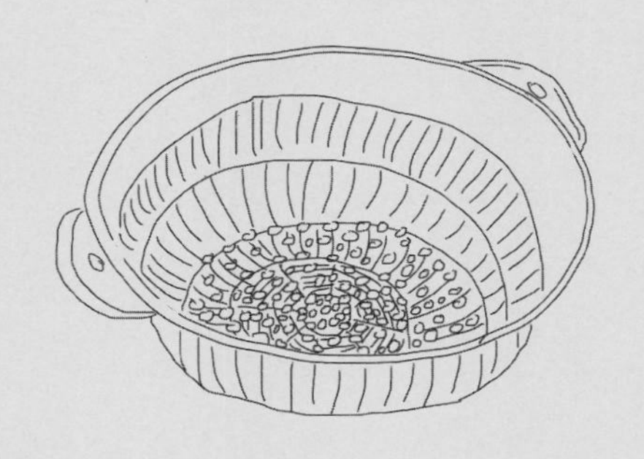

然后，准备一个漏盆，注意不要镂空太大，如果镂空太大就在下面铺一层棉布也可以，

把泡好的绿豆平铺一层在上面，然后再盖上一块干净的棉布或者纱布。早晚都在棉布上面各浇两次水，让绿豆始终保持足够的湿润，然后等待发芽。

出牙的时间不会太长，在它冒出小芽以后我们就可以

准备移栽了。小芽长得非常快，在它差不多长出一厘米长

的小苗苗以后就要移栽到我们准备好的盆里。

准备一个大小适宜的盆，覆土，留一点点芽冒头即可。绿豆苗长得比较快，也很好养活，几乎不怎么需要侍弄，只需要在即将结果的时候多追两次肥就 OK 了！

芒种

斗指己，梅雨，夏山如碧。

时 雨

（陆游）

时雨及芒种，四野皆插秧。

家家麦饭美，处处菱歌长。

芒种，每年六月的五日或者六日。南方大规模进入梅雨季节，而北方则迅速升温进入盛夏。

油麦菜，菊科、莴苣属植物，是一种特别可爱的植物，耐热也耐寒，可以生吃，可以炒食，对人友好，没啥脾气。

老样子，播种，覆土，浇水。

然后等抽芽……等着吃？

油麦菜真的太友好了，定期浇水就行了，没啥需要护理的。

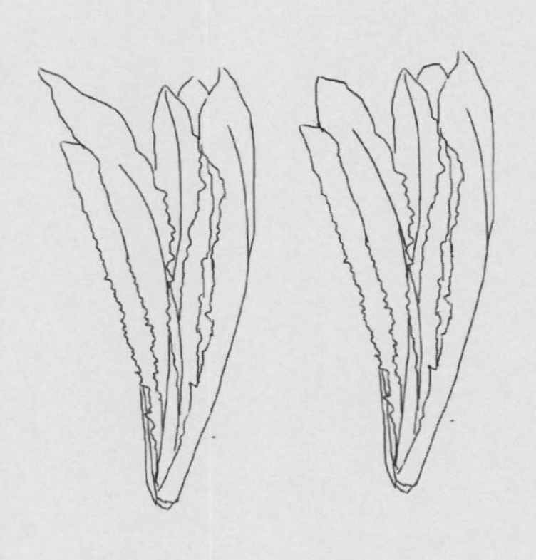

嗯，差不多30天左右就可以吃蒜蓉油麦菜啦。

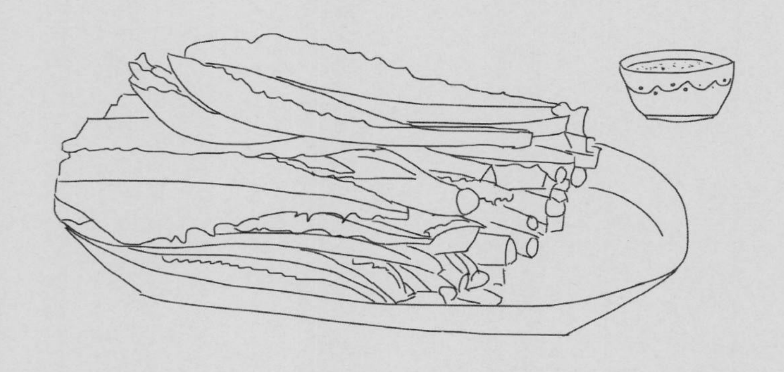

值得注意的是，油麦菜是可以掐断再生的哦，在根部一厘米左右截断，然后就可以等着下一次的收获啦！

夏至

斗指乙，叶茂，铄石流金。

竹枝词

（刘禹锡）

杨柳青青江水平，闻郎江上踏歌声。

东边日出西边雨，道是无晴却有晴。

夏至，六月二十一日或六月二十二日。

热辣辣的夏天隆重登场了，南北方一同在热浪中翻滚。

天气这么热，还种什么菜啊……

只有空调能救我们的命了……要么夏至就休息休息吧。

好的，开玩笑，我们来种点不折腾人的木耳菜吧。

木耳菜，菊三七属植物，耐高温耐干旱，适合盛夏栽种。

找到一个合适的盆，覆土，如果有条件撒一些有机肥让土壤肥沃宜种植是最好的，如果有草木灰也是很棒噢，把泥土和草木灰搅拌均匀。然后，依照惯例，把种子撒进去，不要撒得过密，撒完以后，覆上一层薄薄的土，浇点水，水流不要太急，用花洒慢慢浇下去，不然容易把种子给冲跑了。

天气炎热的时候，出芽很快，出芽后注意不要让盆在

太阳下暴晒。虽然木耳菜耐高温但是也禁不住太阳直射，要注意勤浇水。

然后等待采收即可。

是不是太简单了点?

嗯！就是这么简单!

这么热的天不要闹得太复杂了，偶尔追追肥，记得浇水就好啦。

等到采收的时候，记得要留个一两片，那样就可以不断地成长，不断地吃啦。种上一盆木耳菜，能管吃一整年呢，是不是超级划算的!

小暑

斗指辛，骄阳，沉李浮瓜。

幸有心期当小暑

（韩翃）

朝辞芳草万岁街，暮宿春山一泉坞。

青青树色傍行衣，乳燕流莺相间飞。

小暑，七月的七日或者八日，热得一动不想动的季节，假如你还能爬得起来的话，请先取得苋菜的种子。

红苋菜苋科，苋属一年生草本。这种菜呢，本来就是

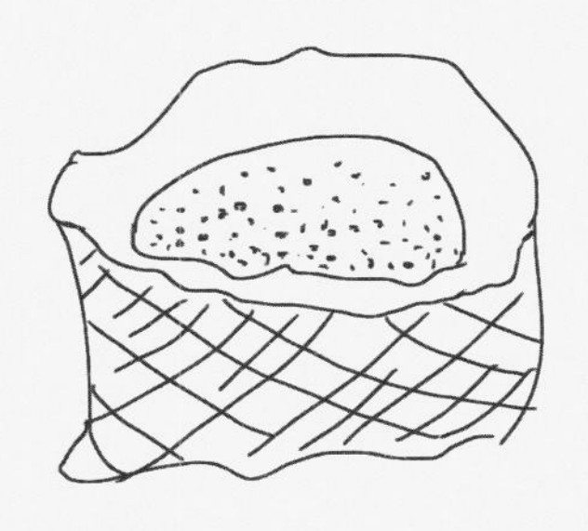

野菜来的，野蛮生长很少病虫灾害，是一种特别友好的蔬菜，随手栽种只要记得浇浇水，拔个草，就能一茬一茬地收获了。

跟农民伯伯交流种苋菜经验的时候，学到一个储种的办法。

没来得及拔走吃掉的苋菜慢慢长老了，就会开花抽子

出来。顺带说一句，苋菜花也很漂亮，观赏性很强噢。

等花谢后，用手把种子搓下来即可，放在太阳下暴晒，晒干。

来年，就可以当成种子继续种啦。

大暑

斗指丙，似火，浮瓜避暑。

消　暑

（白居易）

何以消烦暑，端坐一院中。

眼前无长物，窗下有清风。

七月二十二日或二十三日，大暑。

一个字，热！

热得翻滚，不想动……

不想动……

有一种懒人可以很好上手的作物来了。

葱：百合科葱属多年生草本植物。

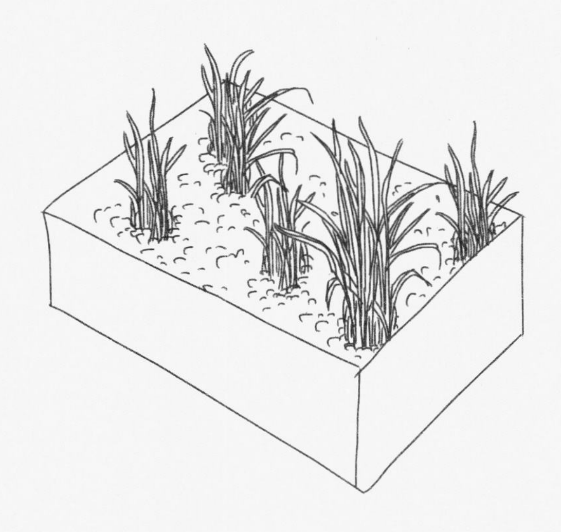

不需要种子，在超市或者菜市场买一把你觉得你会喜欢的小葱回来。

记得是小葱哦，同学们不要买成北方那种大葱……最重要的就是要尽可能地保留根须，如果根须上还附带了泥土是最好的，请有洁癖的同学不要把它洗干净。

大概就是上图这样子，留三到五厘米左右的葱白，连带着根须一起放土里就好啦。

偶尔记得浇水就好，只要不让土壤干裂开来的话，葱都能一直很好地活着。

真是好脾气的菜呢，必须表扬葱！

立秋

斗指西南，秋始，七月流火。

立 秋

（刘翰）

乳鸦啼散玉屏空，一枕新凉一扇风。

睡起秋色无觅处，满阶梧桐月明中。

八月六日到九日之间的一天，立秋了。

相对于北方暑去凉来，早晚明显降温不一样，南方恐怖的秋老虎来了，比夏天还要更加热浪袭人。

芹菜，伞形科植物，种类繁多，今天我们要种的就是西芹。

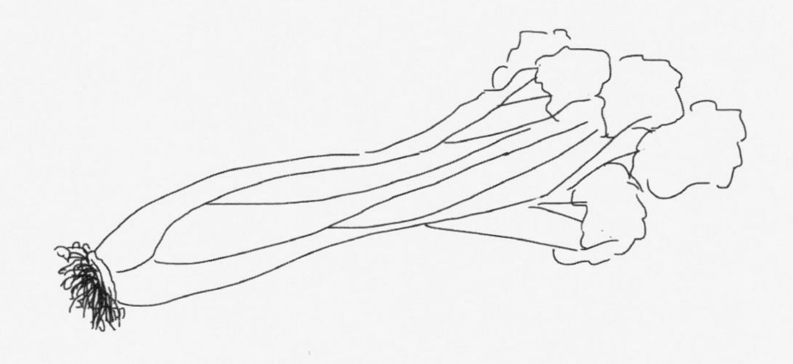

把家里西芹的根部截取五到八厘米左右，放在一个装了水的小碗里，注意水不要没过芹菜根。静静等待一周，等到周边的芹菜梗已经慢慢有点黑有点干巴，而中间慢慢

长出小绿芽的时候，就可以入土栽培了。重点是要争取每天能换一次水，不然天气太热是容易臭掉的哦。

把芹菜根部全部埋进土里，只留出上面新鲜的小芽，这样，我们的芹菜栽种就完成了。接下来就静候芹菜慢慢成长吧。

处暑

斗指戊，暑散，簟纹如水。

长江二首

（苏洞）

处暑无三日，新凉直万金。

白头更世事，青草印禅心。

每年的八月二十二日至二十四日之间的一天是处暑节气。

俗语说七月萝卜八月蒜，到了该种蒜苗的时节啦。

大蒜，俗称蒜头，半年生草本植物，百合科葱属。

蒜应该是大家都比较常用的调味菜了，可以去腥，可以爆锅提香。而且药用价值也挺高，能杀菌，预防感冒。

蒜是对生手非常友好的植物，大家可能也遇到过，买回来的蒜头放着不动，自己就冒出绿色的小芽了。

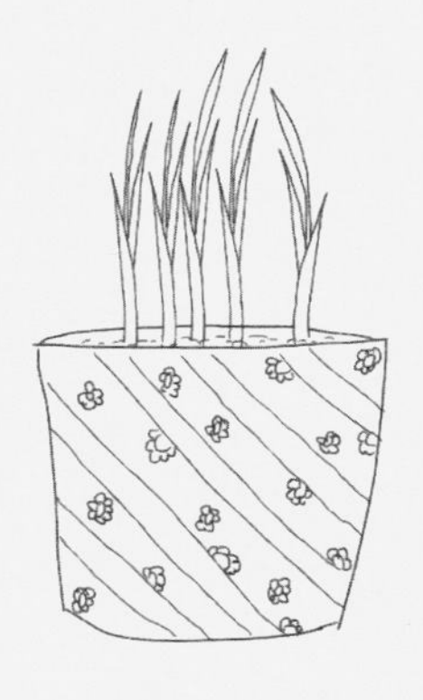

所以说，这种没有什么难度的菜最适合这样懒得动的季节啦。

我们把买回来的蒜头，一粒一粒剥开，最好能去掉外皮。

把大的那一头放土里埋下去，留出大概一厘米左右的蒜，等待抽蒜苗出来。

注意，出苗期间不需要太阳直晒，放在略微阴凉的地方，早晚浇点水，让土壤保持一定的湿润度就可以了。

出苗后的护理也是特别简单，记得浇水，如果有营养剂要记得调稀以后，浇一到两次即可。

蒜苗长到可以吃的高度以后，不要拔出来，在离根部大概三到五厘米的地方截断，蒜苗就还会继续长出来的。

种下一颗蒜，可以一直吃到冬天呢，是不是超级幸福的一件事？

白露

斗指癸，秋收，金桂飘香。

八月十九日试院梦冲卿

（王安石）

空庭得秋长漫漫，寒露入暮愁衣单。
喧喧人语已成市，白日未到扶桑间。

九月七日或者八日，白露。

金色的秋天已经到了，这大概是一年中最美好的季节，有金黄的麦浪，有香气袭人的桂花，还有沉甸甸结满果子的果树，秋高气爽。

茼蒿，菊科一年生或两年生草本植物，叫法多种多样：蒿子秆、菊花菜等。吃法也多种多样：可以清炒，可以蒜蓉，还可以涮火锅。

老规矩，先取得种子，要想快点发芽可以提前一天把种子拿出来浸泡 24 个小时。不泡也是可以的，播种覆土一厘米左右，浇水。

大概三两天，种子应该就会萌出。

要记得不要播种太密集，免得营养不够哦！

茼蒿喜好阳光，可以把它放在阳光比较充足的地方，但是也要记得浇足水。

茼蒿生长期不长，在阳光充足土地肥沃的情况下，一般 25 天左右就可以吃了。

秋分

斗指己，月明，丹桂飘香。

夜喜贺兰山见访

（贾岛）

漏钟仍夜浅，时节欲秋分。

泉聒栖松鹤，风除翳月云。

九月下旬，南方施虐的秋老虎暂且收了兵，等待来年再战。北方已然是一场秋雨一场凉的节奏。二十二日到二十四日中的一天，就进入了秋分节气，从此往后，日短夜长。

香菜，一种有特殊气味的植物，属伞形目双子叶植物。香菜这种东西，甲之蜜糖乙之砒霜。如果有对香菜过敏的同学可以跳过这一章啦，这次我们主讲怎么方便地种植香菜。

种香菜和种香葱差不太多，都是截取一部分根部，插进土里，等待继续生长发芽即可。

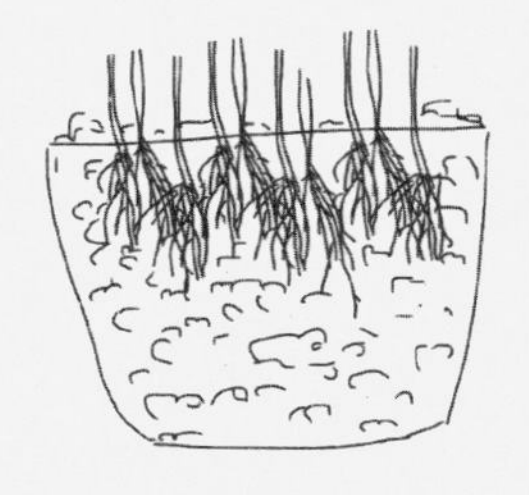

如果可以留取香菜心中间一部分，香菜会更快地长起来。

香菜耐干旱，也不怕冷，是非常好说话的植物，记得浇浇水就好了。

寒露

斗指甲，风凉，红衰翠减。

池　上

（白居易）

嫋嫋凉风动，凄凄寒露零。

兰衰花始白，荷破叶犹青。

寒露一般在十月七日至九日，露气寒冷将要凝结。

小油菜，南北方普遍都可以栽种，颇受欢迎的蔬菜。

取得种子，老规矩播种覆土。

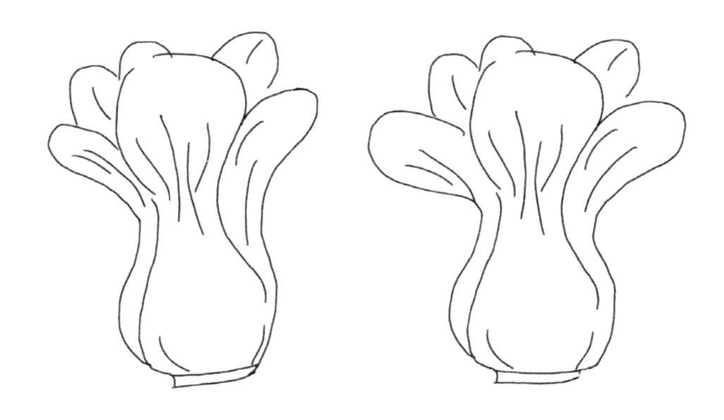

大概一天到两天就能发芽出苗，嫩嫩的样子很是讨人喜欢。基本上我们介绍的蔬菜脾气都算好，按时浇水就能成活。如果想要长得肥美，是要追肥的，可以准备有机肥加点进去。

差不多20多天就可以收获了，假如来不及吃，也可以放任它继续生长，会开出特别漂亮的油菜花噢！

霜降
斗指戌，叶枯，层林尽染。

赋得九月尽

（元稹）

霜降三旬后，蓂余一叶秋。

玄阴迎落日，凉魄尽残钩。

十月的下旬二十二日到二十四日之间，霜降节气来临了。

花椰菜，十字花科芸苔属，一年生植物。味道好，营养价值高，居然还可以入药。适合在秋季播种，初冬收获。

花椰菜生长周期相对其他青菜来说要长得多，所以同学们一定要有耐心噢！

首先，按惯例播种覆土，浇足水。

花椰菜虽然对光照要求不是那么严苛，但是它娇气得很，不能浇多了水，也不能渴着它。所以尽量多注意土壤的湿润度，一定要保持足够但又不是那么泛滥的水分。

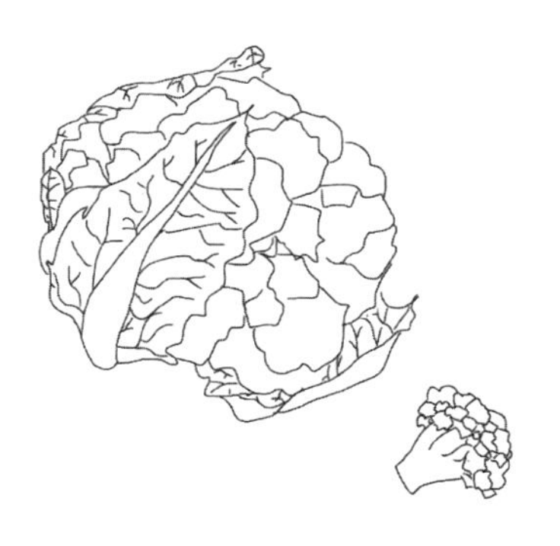

这个菜占地面积大，如果只有花盆那么大的种植面积，请一定种植一棵花椰菜就好了哈，免得太过拥挤影响生长。

立冬

斗指乾，冬始，蛰虫休眠。

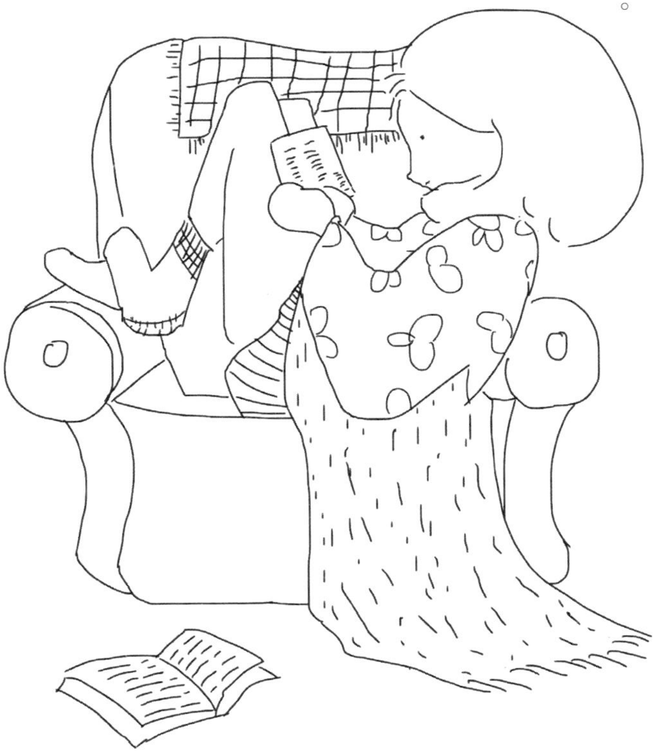

立 冬

（李白）

冻笔新诗懒写，寒炉美酒时温。

醉看墨花月白，恍疑雪满前村。

十一月七日或者八日，立冬时节。

冬天终于到了啊。

豌豆，一年生攀缘草本。准备种植的朋友注意了，要吃豌豆，还是豌豆苗？

豌豆种子很好说话的，丢水里泡一泡就发芽了。

长出小苗苗以后，在土里打个小孔丢进去，就会慢慢长出根须，冒出绿芽了。

出芽以后，注意浇水即可。

豌豆的长大周期也是比较长的，好在它不怎么需要护理，所以丢一边不用太管它，偶尔记得浇水就行了。

等到豌豆苗长出来，上面嫩嫩尖尖的可以掐掉炒菜吃，超好吃的。

不过想吃豌豆的朋友那就要继续等着啦，等它开花结果，等到豌豆荚长出来，才能准备收获豌豆咯。

小雪
斗指己，凋零，滴水成冰。

初 寒

（陆游）

久雨重阳后，清寒小雪前。

拾薪椎髻仆，卖菜掘头船。

十一月的二十二日到二十三日，进入小雪节气。

全国很多地方都下起初雪。没有暖气的大南方开始进入取暖基本靠抖的状态。

生菜，菊科莴苣属，一年生或两年生草本作物。

懒人作物，有一个适合的容器就可以安心地种了。

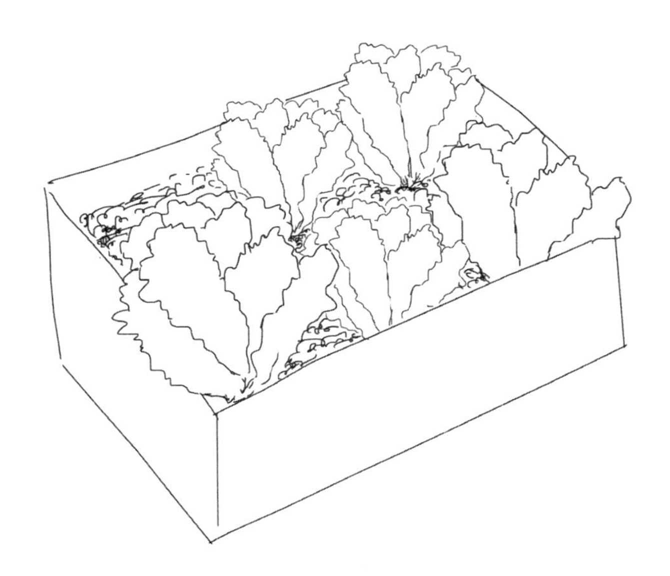

对光照要求不高，对水分要求也不是那么苛刻。

首先，播种覆土浇水。

芽出来以后，慢慢就长大了，生长周期不长，25 天到 30 天左右即可收获。

初雪的日子，吃着自己种的生菜，烤点五花肉，光是想想就美了。

大雪
斗指癸，草枯，粉妆玉砌。

江　雪

（柳宗元）

千山鸟飞绝，万径人踪灭。

孤舟蓑笠翁，独钓寒江雪。

十二月七日到八日之间，大雪节气。

韭菜，多年生宿根草本植物，喜寒，适合在天寒地冻的时候种下去。

只是韭菜种子发芽率非常低，对于种植新手而言是一个挑战，于是我们最好能找到一些韭菜的根须，去传统的菜市场可以买到，或者直接去买韭菜苗种植。

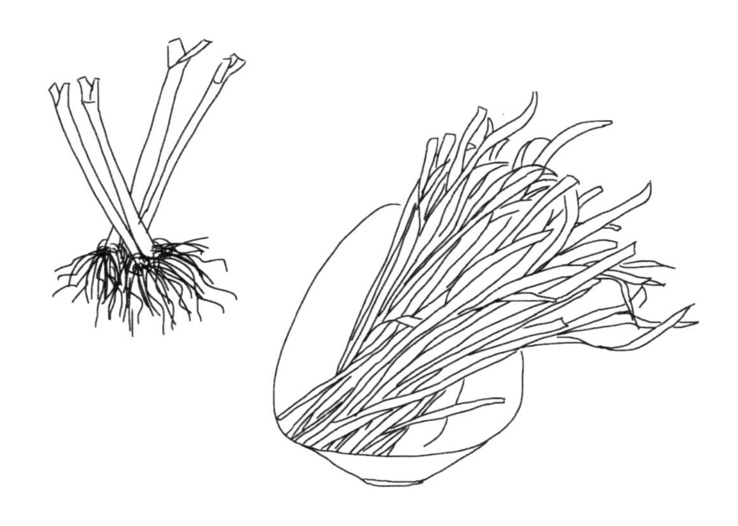

将买来的韭菜苗栽种下去，根部覆土，浇足水。

其他的跟种葱就差不多啦，等待收获吧。

冬至

斗指子，冬眠，风刀霜剑。

邯郸冬至夜思家

（白居易）

邯郸驿里逢冬至，抱膝灯前影伴身。

想得家中夜深坐，还应说着远行人。

十二月的二十一日至二十三日间，冬至。北方吃饺子，南方喝羊肉汤。

冷，不想出门。

想涮火锅，想吃新鲜的蔬菜瓜果，想念一片绿油油的阳台。

菠菜吃法也很多，最常见的是开汤。猪肝菠菜汤，一个很奇怪的组合，却意外地很搭，冬季滋补气血最佳菜品。于是这么冻手冻脚的日子里，我们来吃点菠菜吧，可以养

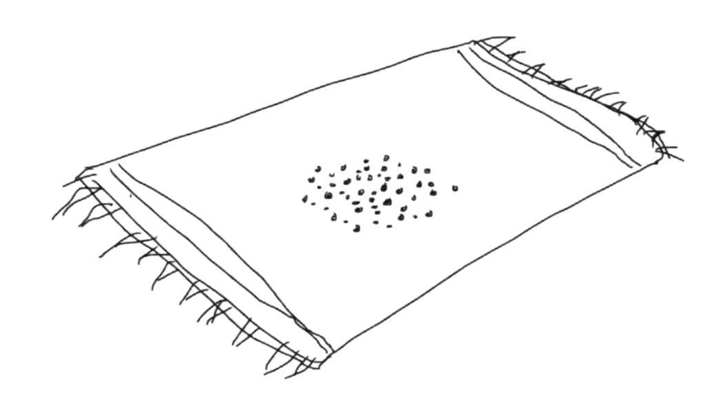

养血气。

菠菜，藜科菠菜属，一年生草本植物。

首先，我们要去选购稍优质一些的菜种，某宝上选择很多，大家可以多看看然后选择自己喜欢的，比较常见的品种买下来。

因为冬日气温偏低，种子发芽不易。当然北方有暖气的室内可以忽略，在南方想要更快地发芽的话，可以选择泡种。

首先要把种子放在水里泡一个晚上，然后放在湿润的毛巾里面轻轻裹住，放在较温暖的地方，等待抽芽。

如果空气太干燥要记得时不时地往毛巾上面洒点水，不要让种子干死了。

如果气候适宜，那么基本上三天左右就会抽出白色的小芽，这个时候就可以播种了，找一个合适的盆，首先要把水浇得透透的，然后撒上一点点草木灰，覆一层薄薄的土，再把种子撒上去，再覆盖上一层薄薄的土。

然后在等待它长大的日子里记得勤快浇水，气温太低的话，菠菜会长得很慢很慢，所以如果冷得太厉害，就要让它在稍微温暖的地方待着。

天气晴朗的时候，可以让它晒晒太阳，在长到小拇指长度的时候就应该继续追肥，让它更快更好地进入成熟期。

那么，菠菜就到这里了，你种好了吗？

小寒
斗指子，雪落，岁暮天寒。

小寒

（元稹）

小寒连大吕，欢鹊垒新巢。

拾食寻河曲，衔紫绕树梢。

一月五日到六日，小寒。

一年中最寒冷的日子到了，俗话说小寒大寒冻成冰团。北方一片冰封，南方冷风冷雨刺骨冰寒。天寒地冻的外面

就不要想种菜的事了，要么还是窝在被子里暖和一下吧。

我很诚意地去问了问老农民伯伯，一般这个时候，田地里面种点什么呢。他想了想回答我说，一般会选择这个时候养养地，如果今年气候还行的话，会稍微种一些冬天的菜。于是，我得到了一种冬天也能在南方很好生长的菜：芥蓝。

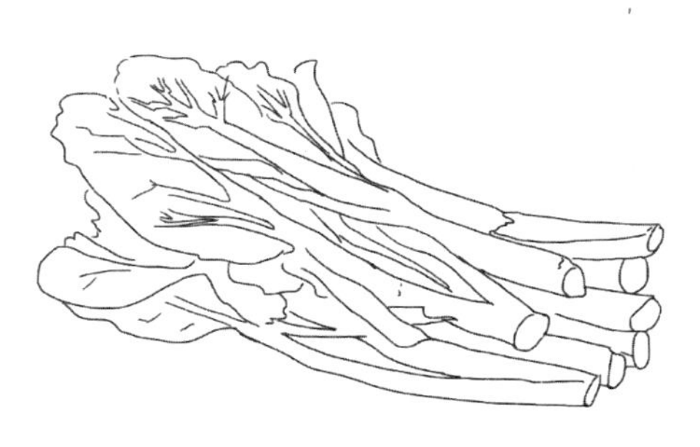

芥蓝，十字花科一年生草本植物。这种菜在广东广西比较常见，大约因为气候比较合适栽种吧，芥蓝种子发芽的温度要求比较高，所以北方在暖气房里的朋友可以放心栽种。

芥蓝对于温度还是比较讲究的，起码也要20度左右才行，北方的同学看看室内温度，如果达到的话，是可以试试种这个菜玩玩。

南方两广地区应该没有什么问题的，冬季也很暖和。

中部地区的朋友可能就……暂时休息一下吧？

播种，看到这里大家应该都很熟了，浇足水，撒种下去，覆土。

等待抽芽的过程可能比其他季节种的菜要稍微慢一点，让我们给予它足够的时间和光照，等待它慢慢成长。

抽了芽以后稍微注意一下，如果太密的话，可以适当地拔掉几棵，不要让它们互相影响。

如果有条件，土壤要多追追肥，这样的话，能更快地成熟起来。

芥蓝对光照要求很高，如果是选择在冬天种的话，一定要给予它充足的光照。如果是夏天种的朋友请注意30度以上的高温对它生长很不利，要记得放在阴凉的地方噢。

大寒

斗指丑，冰封，腊梅怒放。

大 寒

（陆游）

大寒雪未消，闭户不能出，

可怜切云冠，局此容膝室。

一月的十九日到二十一日之间大寒节气。

冷成这样也要爬起来种菜真是够了啊……

种什么呢……

种个茄子吧!

最后一章了，来点难度高的!

加油吧! 中华小能手!

茄子，茄科，茄属植物。

生长周期很长，大概需要一百天左右。于是我们现在播种，覆土，浇水，慢慢等待它发芽吧。

茄子对肥料要求比较高，土壤肥沃才会多开花结果。所以在抽苗长到一定高度以后，要注意多追肥。

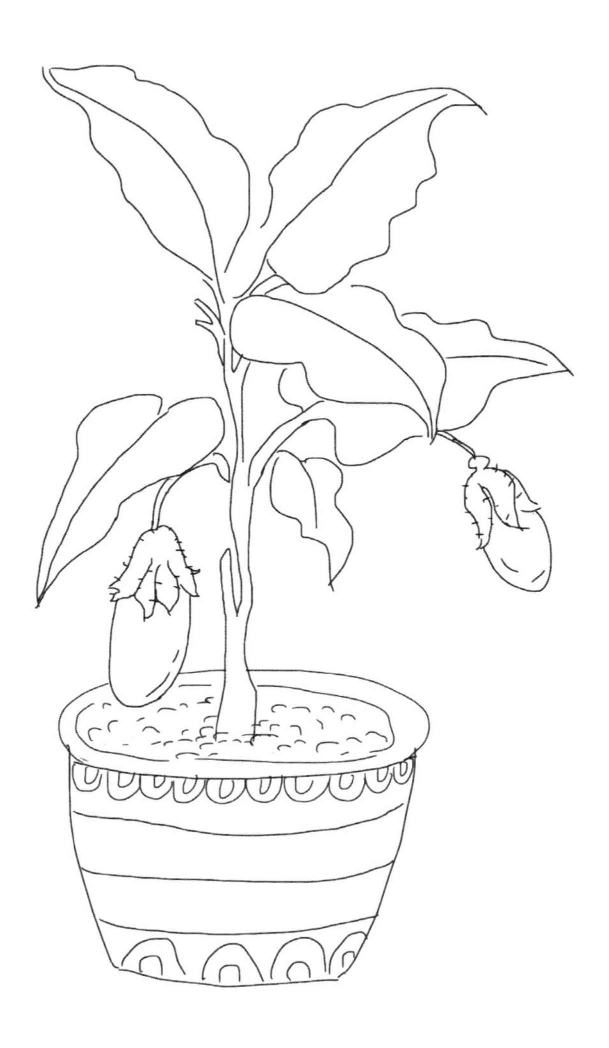

图书在版编目（CIP）数据

请你把我吃下去 / 肖肖著. — 南昌：江西美术出版社，2019.7

ISBN 978-7-5480-7116-7

Ⅰ. ①请… Ⅱ. ①肖… Ⅲ. ①蔬菜园艺 Ⅳ. ① S63

中国版本图书馆 CIP 数据核字 (2019) 第 099322 号

出 品 人：周建森
责任编辑：陈 军
责任印制：谭 勋

请你把我吃下去
肖肖 著

出 版：江西美术出版社
地 址：江西省南昌市子安路 66 号
网 址：www.jxfinearts.com 电子信箱 :jxms163@163.com
电 话：0791-86566274
邮 编：330025
经 销：全国新华书店
印 刷：大厂回族自治县德诚印务有限公司
版 次：2019 年 7 月第 1 版
印 次：2019 年 7 月第 1 版印刷
开 本：889 毫米 ×1194 毫米 1/32
印 张：4.25
书 号：978-7-5480-7116-7
定 价：36 元